U0183095

米莱知识宇宙

启航吧知识号

奇趣细胞小世界

米莱童书 著/绘

北京理工大学出版社
BEIJING INSTITUTE OF TECHNOLOGY PRESS

生物学成为一门学科只是近 300 年的事，但是人类对于生命的探索却有上万年的历史。在距今 17 000 年的山洞画中仍保留着人类最初观察生物、探索自然的印记。地球上形形色色的生物让这个世界丰富多彩，充满勃勃生机。人类本是自然的一部分，自然的万物哺育了人类，自然的变化与人类的命运息息相关。但是，当人类逐渐远离自然，建立大规模的村镇和城市后，人类逐渐失去了与自然脉搏的同频共振，以为有了城市的保护便可以远离自然界给人类带来的不确定性的影响。然而事实并非如此，我们依然生活在地球的自然生态圈中，大自然的每一次"感冒"，每一个"喷嚏"，每一次"怒吼"，都会给人类带来毁灭性的灾害。所以，认识自然，探究自然，敬畏自然，尊重自然，仍然是生活在地球上的人类需要认识到的基本事实。现在，随着人类对生物学研究的深入，生物学又有了若干分支，生物学对于医学、药学等学科的重要性也日益凸显，投入生物学的怀抱在日后将大有可为。

如果你对身边的动植物、生物现象感兴趣，这本《启航吧，知识号：奇趣细胞小世界》将解答你的大部分疑问。这本书用漫画的形式再现了生物学知识，更加有趣又具象，十分适合对生物学感兴趣的孩子进行启蒙阅读。

希望这套有趣味的生物启蒙漫画书能激发你对生物学的兴趣，与我一起为人与自然和谐共处的美好未来努力！

苏都莫日根

2021 年 12 月 26 日 于北京大学生命科学学院

生命从细胞开始

我是细胞，地球生命离不开我。

动物细胞

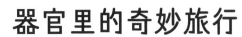

目录

器官里的奇妙旅行

植物细胞

我是植物细胞,擅长自给自足。

破解基因的密码

我是基因,能决定生命进程。

基因

我是受精卵，是生命的开始。

受精卵

生命从细胞开始

无论是植物、动物，还是你平时看不见的微生物，所有的地球生命都离不开细胞。

你是不是很好奇，既然生物是由细胞组成的，为什么我们看不见细胞呢？

想要看见这些微小的细胞，需要用到显微镜。

光学显微镜可以把细胞放大几十倍至几百倍。

细胞这么小，那我身上一共有多少细胞呢？

一个成年人的体内有60万亿~100万亿个细胞！

笔尖大小的皮肤表面，都有成千上万的细胞。

人类这种由多个细胞构成的生物，被称为多细胞生物。

常见的动植物都是多细胞生物。

一些生物本身就是一个细胞，因此被称为单细胞生物。它们非常微小，要用显微镜才能看清。

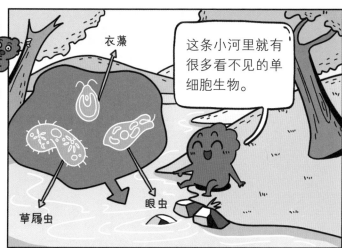

衣藻

这条小河里就有很多看不见的单细胞生物。

草履虫

眼虫

还有一些生物虽然不是细胞，但它们需要依靠细胞才能生活。它们就是病毒。

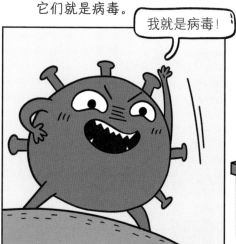

我就是病毒！

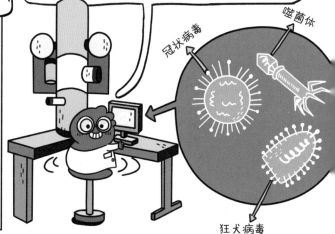

病毒比一般细胞还要小很多，要用实验室里的电子显微镜放大上万倍才能看清。

冠状病毒

噬菌体

狂犬病毒

不过也有一些肉眼就能看得见的细胞，打开冰箱就能见到它。

它就是——鸡蛋黄！

鸡蛋黄是一种卵细胞。

你可能见过地球上最大的细胞——鸵鸟蛋黄！

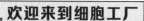

我们细胞可不是随随便便堆在一起就能构成生命的。

就像搭积木一样，要想搭出一座房子，需要把积木一块一块地按照特定顺序放好。

细胞也不像积木一样是实心的，每个细胞都像一个微型小工厂。

细胞工厂

这是一个动物细胞工厂。

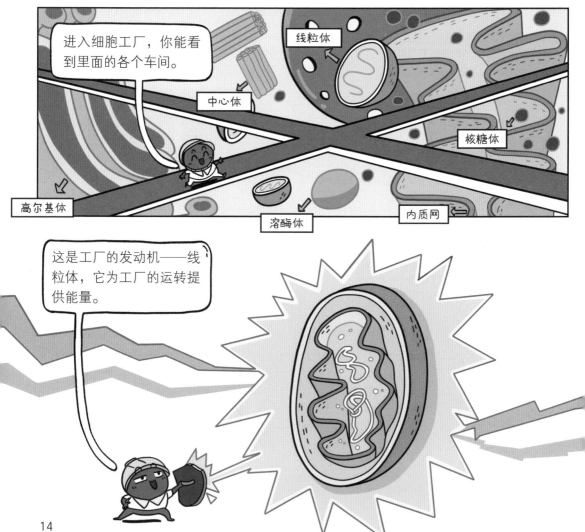

这些是工厂的生产车间——**核糖体**，它们负责生产人体所需的蛋白质。

细胞工厂里的这些车间被称为**细胞器**，它们有条不紊地进行着各自的生产工作。

指导细胞器工作的是工厂的控制中心——**细胞核**。

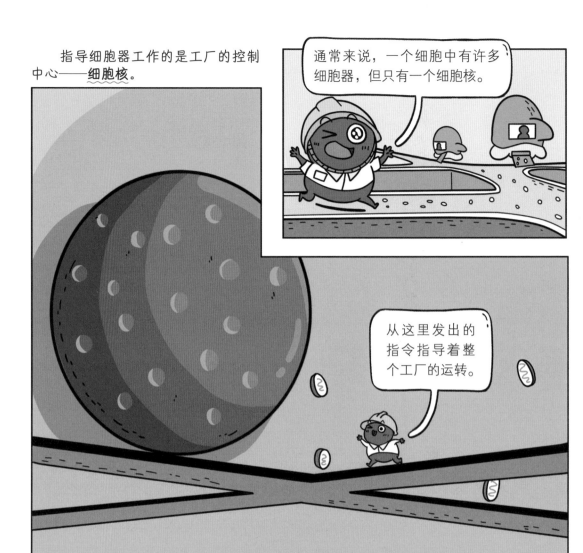

通常来说，一个细胞中有许多细胞器，但只有一个细胞核。

从这里发出的指令指导着整个工厂的运转。

指令是谁发出的呢？让我们再到细胞核里面看看！

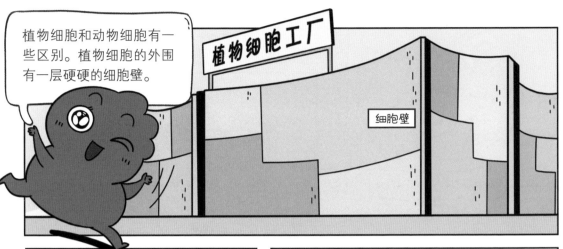

植物细胞和动物细胞有一些区别。植物细胞的外围有一层硬硬的细胞壁。

植物细胞工厂

细胞壁

细胞壁能够支撑起每个植物细胞的形状，让它们不易变形。

植物细胞的内部有很多**叶绿体**，植物身上的绿色就来自它们。

叶绿体能够利用阳光生产出植物所需的营养物质。

这是用来储藏营养物质和水分的地方——**液泡**。

植物细胞内部通常只有一个液泡，它比其他细胞器都要大。

18

和动物植物细胞的结构相比，细菌的细胞结构就简单得多啦！

我是细菌！

细菌没有细胞核，只有一团拟核，拟核内含有 DNA，作用与细胞核类似。

鞭毛

拟核（DNA）

细胞膜

细胞壁

核糖体

纤毛

但是有的细菌表面有一层硬硬的荚膜，就像穿了盔甲！

咝!

细菌虽然结构简单，生命力却十分顽强，几乎分布在地球的各个角落。

我有独特的"分身"能力

大自然中的万千生物都会长大。

长大并不是因为体内的细胞长大了，主要是因为它们变多了！

你从小到大，体内的细胞数量会增加几十倍。

21

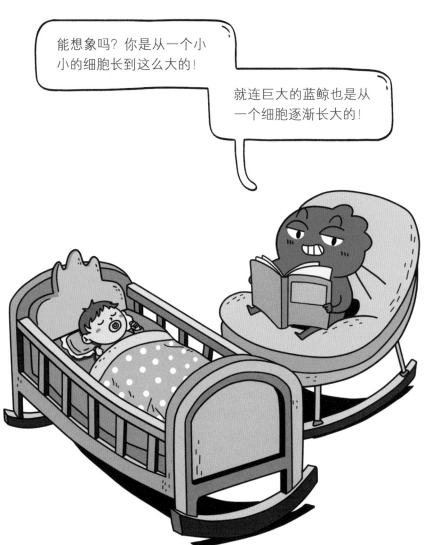

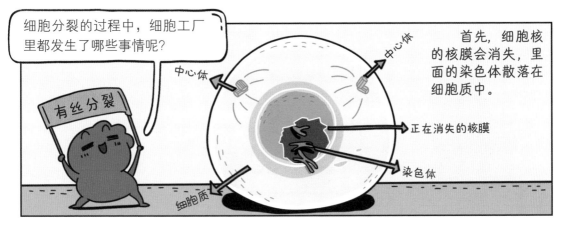

细胞分裂的过程中，细胞工厂里都发生了哪些事情呢？

有丝分裂

中心体

中心体

首先，细胞核的核膜会消失，里面的染色体散落在细胞质中。

正在消失的核膜

染色体

细胞质

不过它们很快就会排好队。

接着，每个染色体都会一分为二，沿着中心体*发射出的细丝轨道走到两边。

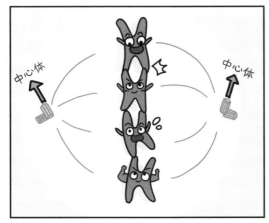

中心体

中心体

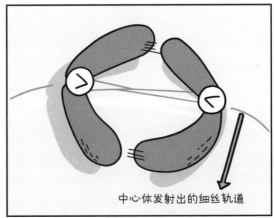

中心体发射出的细丝轨道

当每个染色体都走到中心体的位置时，两个新的细胞核就会产生，这个过程就叫作有丝分裂。

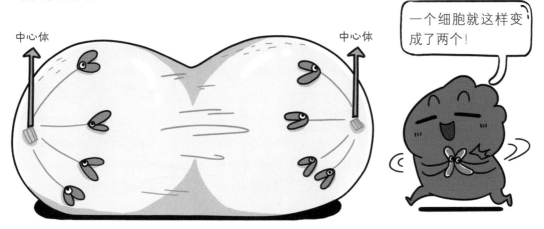

中心体

中心体

一个细胞就这样变成了两个！

——————————

* 中心体是一种细胞器，一般在靠近细胞核的细胞质中，参与细胞的分裂。

要想搭建一座漂亮的房子，需要用到不同种类的积木。

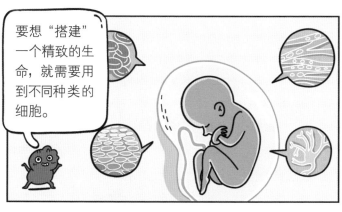

要想"搭建"一个精致的生命，就需要用到不同种类的细胞。

并不是所有细胞都会分裂成两个一模一样的细胞。

有些细胞会分裂出形状、结构和功能完全不同的两个细胞，这叫作**细胞分化**。

比如，你体内有一种细胞，它们的主要任务就是分化出各种功能的细胞，它们就是多能干细胞。

多能干细胞

红细胞

瞧，它们都是我的后代！

来认识细胞大家族

接下来，就让我带你见识一下人体内各种细胞的本领吧！

嗨！我们是神经细胞。

我们负责接收、传递和分析信息。

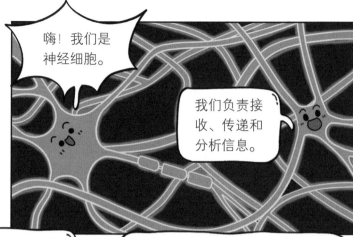

你能够看见书本上的字，就是眼睛里的视觉神经细胞在工作。

你能够闻到花朵的气味，就是鼻子里的嗅觉神经细胞在工作。

你能够尝到汽水的甜味，就是舌头上的味觉神经细胞在工作。

你能够感受到小猫柔软的毛，是因为手上的触觉神经细胞在工作。

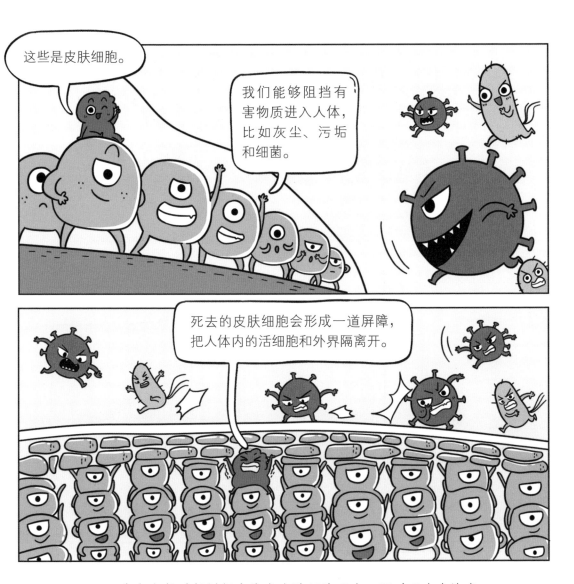

你身上每时每刻都有许多皮肤细胞死去，同时又会有许多新的皮肤细胞出生，继续完成前辈未完成的使命。

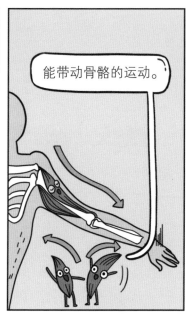

这些在血管里忙碌的细胞是血细胞。

红细胞在血管里穿梭，运输氧气。

红细胞

白细胞在人体内不停地巡逻，消灭入侵的敌人。另外，它们还会变形，从血管壁的缝隙挤出去，消灭血管外面的敌人。

白细胞

有一种白细胞叫吞噬细胞，它可以用自己的身体把细菌包裹起来消化掉——这就是它们消灭敌人的方式！

吞噬细胞

血小板可以修补破裂的血管壁，避免更多的血液流出。

血小板

我饿了，要吃饭！

你有没有想过，自己为什么每天都要吃饱饭才有力气做其他事？

那是因为你体内的细胞需要能量才能工作。这些能量就来自你吃进肚子里的食物。

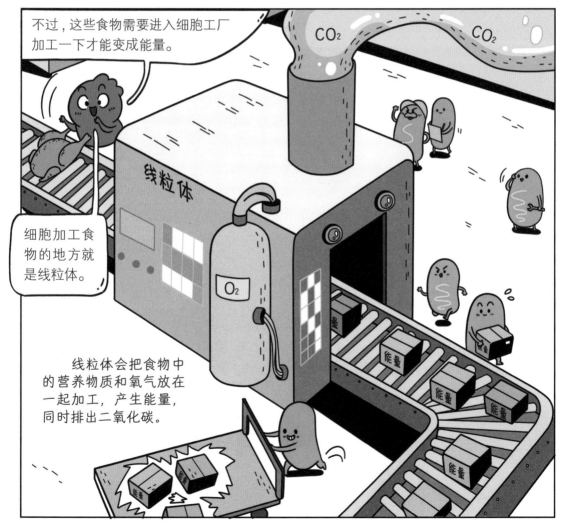

不过，这些食物需要进入细胞工厂加工一下才能变成能量。

细胞加工食物的地方就是线粒体。

线粒体会把食物中的营养物质和氧气放在一起加工，产生能量，同时排出二氧化碳。

你有没有想过，为什么自己每时每刻都在呼吸？

那是因为你身体里的细胞需要利用氧气才能生产能量，而你吸入的空气中就含有氧气。

O_2

氧气被血管里的红细胞送往全身各处的细胞中。

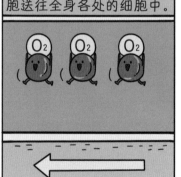

而细胞生产能量时排出的二氧化碳会被红细胞带走。

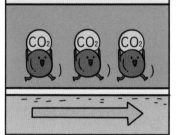

细胞利用氧气从食物中获得能量，同时产生二氧化碳，这个过程就叫作细胞的**呼吸作用**。

所有的动物都需要吃东西才能活下去，但植物看上去好像并不需要吃饭。

你可能会想，植物大概是吃土长大的吧！其实，植物的生长并不是完全依赖土壤里的养分。

它们最拿手的绝活儿是自己"做饭"！

你好！我是植物细胞！

植物细胞只需要光照、水和空气中的二氧化碳就能在"生产车间"里生产它们最喜欢的食物——糖！

原料

H_2O

CO_2

叶绿体

O_2

产物

在这个过程中，植物还会产生氧气。这个生产食物的过程就叫光合作用，生产车间就是叶绿体。

细胞在生命体内进行的各种活动的总称叫作**新陈代谢**。

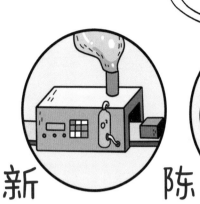  

新　　陈　　代　　谢

如果新陈代谢一切正常，你就能健健康康地成长。

 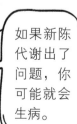

如果新陈代谢出了问题，你可能就会生病。

有一天，我会老去

细胞也有衰老和死去的一天。

不同的细胞寿命也不同。

精细胞能活一两天。

白细胞大约能活 2 周。

皮肤细胞大约能活 1 个月。

红细胞能活 4 个月。

神经细胞和心肌细胞则能够伴随人的一生。

虽然你的身体里每时每刻都有细胞死去……

但别担心，新的细胞也在不断诞生哦！

死亡的血细胞会被吞噬细胞包裹起来消化掉。

一些死细胞会在人体内部被处理掉，还有一些细胞死亡后会离开人体。

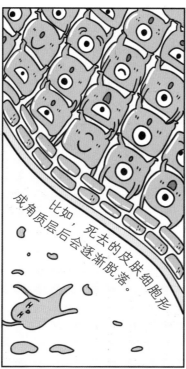

比如，死去的皮肤细胞形成角质层后会逐渐脱落。

你每次洗手的时候都会洗掉一些已经死去的皮肤细胞。

不过，也有一些死去的细胞在很长一段时间里都不会主动离开你。

告诉你个秘密，你的头发和指甲就是死细胞形成的！

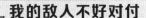

我之前提到过一种生物，它虽然不是由细胞组成的，但必须依靠细胞才能生存，你还记得它是什么吗？

就是我——病毒！

病毒非常小，结构非常简单，只有一层蛋白质外壳包裹着里面的核酸。

蛋白质外壳

核酸

如果一个红细胞有篮球那么大，那么流感病毒和它相比就只有绿豆那么大。

别看病毒那么小，它们可是细胞的大敌！

吞噬细胞

为不同的细胞模型画出通往对应盒子的线路吧！

植物细胞

动物细胞

问题收纳盒

什么是单细胞生物？

- 只有一个细胞的生物是单细胞生物。

什么是多细胞生物？

- 由多个细胞构成的生物是多细胞生物。

什么是细胞分裂？

- 细胞分裂就是一个细胞分成两个细胞。

什么是细胞分化？

- 细胞通过分裂产生的后代，在形态、结构、功能上发生差异性变化，这个过程叫作细胞分化。

什么是呼吸作用？

- 呼吸作用是细胞利用氧气从食物中获得能量，同时产生二氧化碳的过程。

什么是光合作用？

- 光合作用是绿色植物通过叶绿体，利用光能，把二氧化碳和水转化成营养物质，并且释放出氧气的过程。

什么是新陈代谢？

- 细胞在人体内进行的各种活动的总称叫新陈代谢。

P40 答案：植物的生长离不开光合作用，窗帘遮挡了阳光，所以它们不开心。

什么是病毒？

- 个体微小、结构简单、只有一层蛋白质外壳包裹着里面的核酸、必须依靠细胞才能生存的生物叫病毒。

P41 答案：　略。

器官里的奇妙旅行

有 "组织" 的细胞

大家好，我们是细胞！

今天我要带大家一起了解……

啊呵——啊呵——

什么声音？

是小宝宝！

别看小宝宝刚出生不久，其实，他的生命从几个月前就开始了哦！确切地说，是 40 周前。

那时他还是一颗小小的受精卵。

在细胞分裂过程中，外形和能力相似的细胞会聚在一起，形成不同的"家族"，它们叫作组织。

你又滑又嫩的小脸表面，就有保护身体的上皮组织，它是由上皮细胞结合在一起形成的。

你身体里的骨骼是一种结缔组织，包括骨细胞、血细胞等，主要负责支撑和运输。

肌肉组织由肌细胞构成，可以帮助人体实现各种运动；神经细胞组成神经组织，负责把信息传遍全身。

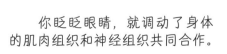

你眨眨眼睛，就调动了身体的肌肉组织和神经组织共同合作。

参观器官之家

四大组织很善于分工合作，不同的组织为了共同的目标结合在一起，就形成了**器官**，不同器官行使不同的功能。

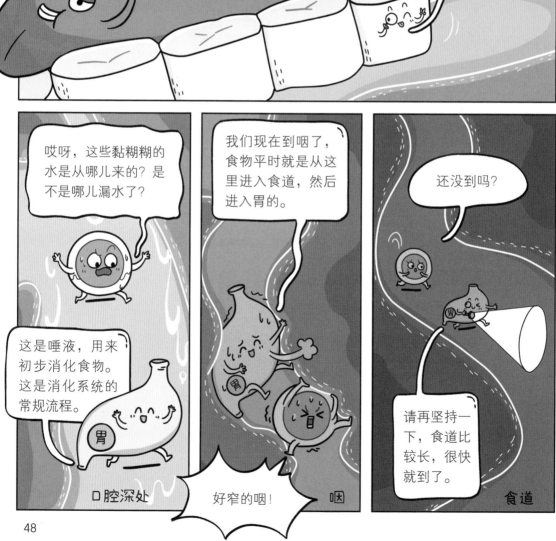

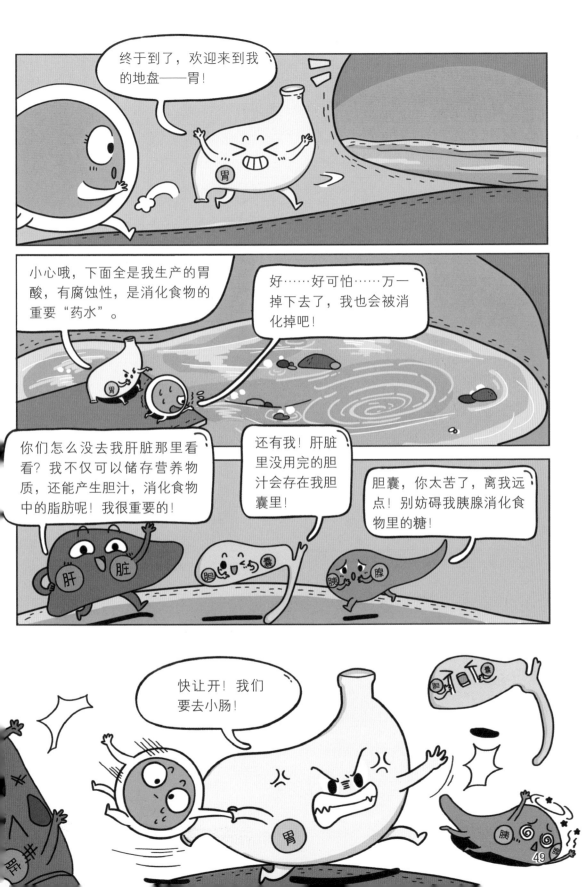

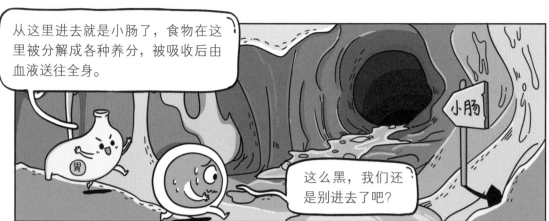

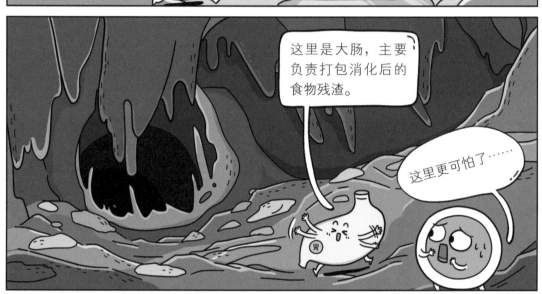

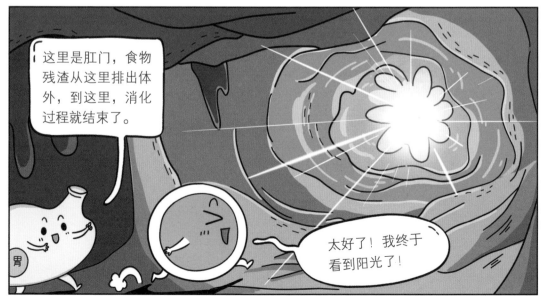

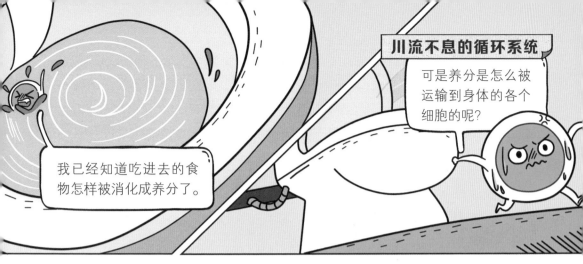

川流不息的循环系统

可是养分是怎么被运输到身体的各个细胞的呢?

我已经知道吃进去的食物怎样被消化成养分了。

这次我决定去人体的循环系统找答案。

出发!

循环系统最主要的工作,是通过血液的流动在人体内运输各种"货物"。

血浆

红细胞

在消化系统中被吸收的养分会进入血液,由血浆负责运送。

51

货物运输的通道是血管，分为动脉血管、静脉血管和它们之间的毛细血管。

动脉血管就像高速公路，当心脏收缩时，血液从心脏顺着动脉血管快速流出。

静脉血管就像城市公路，当心脏舒张时，血液顺着静脉血管流回心脏。

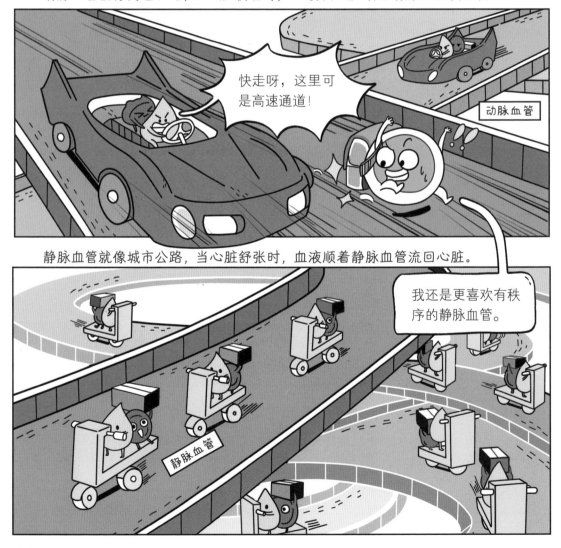

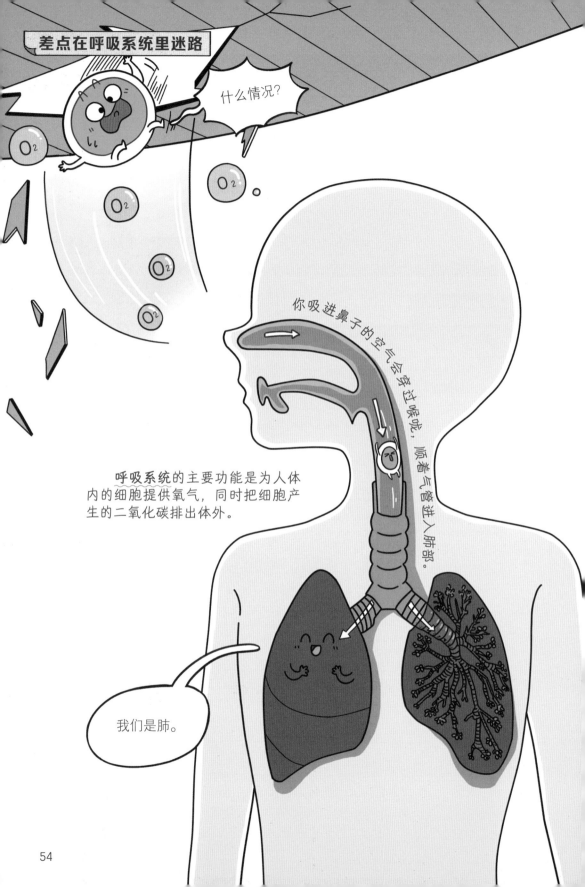

什么情况?

O_2

O_2

O_2

O_2

O_2

你吸进鼻子的空气会穿过喉咙,顺着气管进入肺部。

呼吸系统的主要功能是为人体内的细胞提供氧气,同时把细胞产生的二氧化碳排出体外。

我们是肺。

在这里，气管像树枝一样分叉，最末端连着一串串像小葡萄一样的肺泡。

肺泡上布满了毛细血管，这就是红细胞获取氧气的地方。

原来如此，进入肺部的空气中，氧气只占大约 1/5。

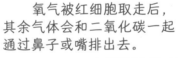

毛细血管

红细胞沿着毛细血管来到肺泡，在这里拿走氧气，同时把二氧化碳丢下。

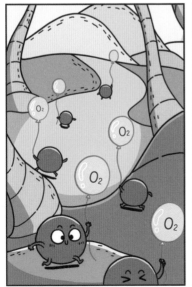

氧气被红细胞取走后，其余气体会和二氧化碳一起通过鼻子或嘴排出去。

红细胞把二氧化碳送到了呼吸系统，那么血浆会把垃圾送到哪里去呢？

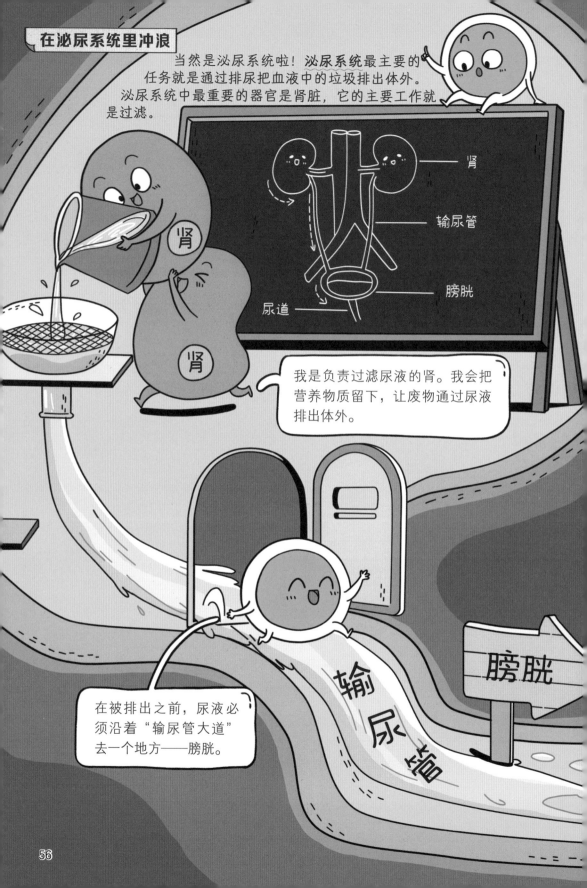

膀胱是负责储存尿液的，它平时看起来不大，但是很有弹性。

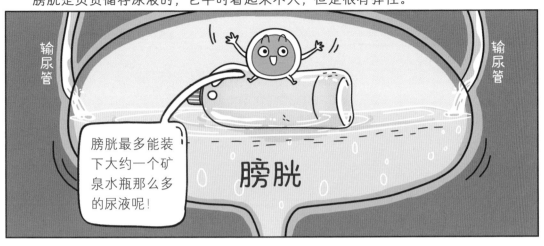

泌尿系统非常重要，如果一个人的肾出了问题，体内的垃圾就无法正常排出了。

有一种神经反射更快，快到不需要过脑子，可以"先斩后奏"，比如碰到很烫的东西你会迅速缩手。

这个过程不需要经过大脑，反射动作很迅速，是人类天生就有的，属于**非条件反射**。

来不及报告了，先缩手，缩完再告诉大脑。

收到！

胃

肺

人们还能通过经验的积累形成**条件反射**。

有一个故事叫望梅止渴，讲的是曹操为了让口渴的士兵们继续前行，谎称前方有梅林。士兵们想起梅子，不禁口水直流，缓解了口渴，才能撑到最后。想到梅子就流口水，这就是条件反射。

运动系统让你动起来

无论哪种反射，本质上都需要运动系统及时做出反应。

吓得我都跳起来了！

人的全身一共有206块骨头，它们通过关节连接在一起，构成骨架。

跳起来的动作离不开运动系统。**运动系统**主要由骨和骨骼肌组成。

骨头无法活动，它们需要借助骨骼肌活动。人体共有600多条骨骼肌，通过收缩拉动骨头。

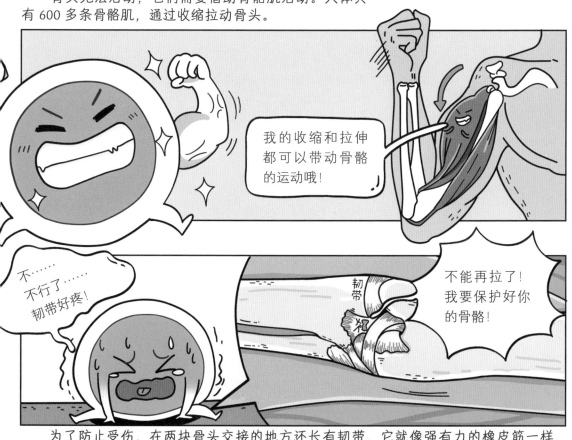

我的收缩和拉伸都可以带动骨骼的运动哦！

不……不行了……韧带好疼！

韧带

不能再拉了！我要保护好你的骨骼！

为了防止受伤，在两块骨头交接的地方还长有韧带，它就像强有力的橡皮筋一样，限制着骨头的活动范围。

运动系统还有支持和保护作用。

如果没有骨骼和骨骼肌的支持，你连站立都做不到！

有了肋骨和胸肌的保护，胸腔里的器官才能安心工作。

有了坚硬的颅骨的保护，大脑才不会轻易受伤。

肚子上虽然没有骨头，但也有腹肌在保护腹腔里的器官。

运动系统一旦受伤，恢复起来可能需要几周甚至几个月。

在进行一些容易受伤的运动时，一定要做好防护。

无处不在的内分泌系统

有一个词叫"脸红脖子粗"，描述的是人们在着急、生气的时候脸和脖子涨得通红，你知道为什么会这样吗？

踢足球不能戴头盔！

凭什么不能戴头盔上场，凭什么！

人在紧张和激动时会分泌肾上腺素，这会让人心跳加速、血压升高，为身体活动提供更多能量。肾上腺是内分泌系统的一员。

内分泌系统会分泌激素，不同的激素有不同的作用。

比如生长激素能够促进人的生长发育。

生长激素分泌不足，会导致生长迟缓，身材矮小。

生长激素分泌过多，会让人长成"巨人"！

身体还会分泌一些调节情绪的激素。

当你在游乐场尽情玩耍时，身体会分泌一种叫"内啡肽"的物质，它能让你感到愉悦和幸福。

当你在运动时，身体也会分泌这种"幸福激素"，这种愉悦程度不亚于坐了一次过山车。

嘶——

如果在野外被毒蛇咬伤，身体的第一反应不是止痛，而是快跑！这同样得益于内啡肽的分泌。这种激素可以让你在危险情况下迅速逃跑，是身体的一种自我保护机制。

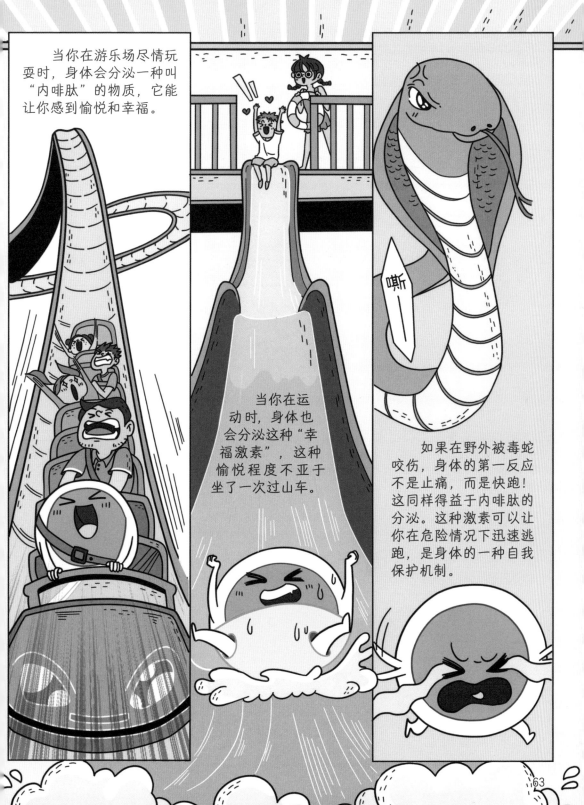

63

生命从生殖系统开始

各个系统已经逛遍了，现在终于回到了我家——生殖系统。

这里就是生殖系统最重要的器官之———子宫，也是我的住所。

重新做一个自我介绍吧，我是受精卵，是生命的开始。

精细胞

卵细胞

我是由妈妈卵巢中的卵细胞和爸爸睾丸中的精细胞结合形成的。

生殖系统的主要任务就是培育健康的新生命，卵巢和睾丸都是生殖系统的重要器官。

女性的卵巢会分泌雌性激素，这种激素会促使女孩发育成熟。

男性的睾丸会分泌雄性激素，这种激素会促使男孩发育成熟。

这么说，这个小宝宝也是由受精卵成长起来的咯？

没错。

跟我来！我也跟你讲讲植物。

植物也有自己的小宝宝，它们通过生根、发芽、开花、结果，最后长成成熟的植株。

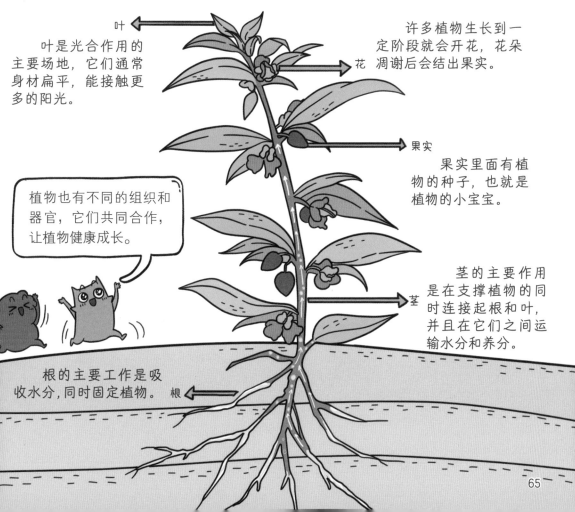

叶

叶是光合作用的主要场地，它们通常身材扁平，能接触更多的阳光。

许多植物生长到一定阶段就会开花，花朵凋谢后会结出果实。

花

果实

果实里面有植物的种子，也就是植物的小宝宝。

植物也有不同的组织和器官，它们共同合作，让植物健康成长。

茎

茎的主要作用是在支撑植物的同时连接起根和叶，并且在它们之间运输水分和养分。

根的主要工作是吸收水分，同时固定植物。

根

不断成长的分生组织

常见的植物也是由细胞构成的，相似的植物细胞会聚在一起形成"家族"，也就是组织，完成共同的目标。

植物一共有"五大家族"！

分生组织的细胞具有不断分裂的能力，分裂后的细胞会分化出不同功能的细胞，这些细胞又构成了其他组织。

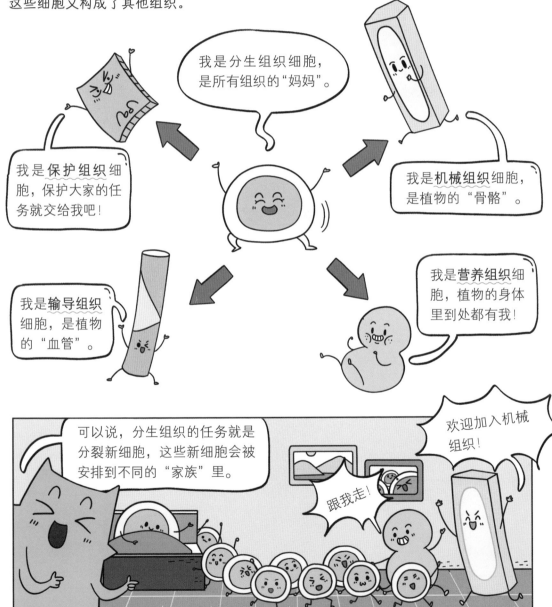

我是分生组织细胞，是所有组织的"妈妈"。

我是**保护组织**细胞，保护大家的任务就交给我吧！

我是**机械组织**细胞，是植物的"骨骼"。

我是**输导组织**细胞，是植物的"血管"。

我是**营养组织**细胞，植物的身体里到处都有我！

可以说，分生组织的任务就是分裂新细胞，这些新细胞会被安排到不同的"家族"里。

跟我走！

欢迎加入机械组织！

嫩芽的顶端有分生组织，新长出的茎和叶就是由这里的分生组织经过分裂、分化发育而成的。

植物的粮仓——营养组织

分生组织分裂出的新细胞有一部分来到了营养组织，这是植物最基本的组织，几乎遍布了植物的各个部位。

营养组织细胞都有一个大液泡，能够像仓库一样储存营养物质。

我可没有营养，快放我出去！

植物的种子里都有营养组织，它为种子发芽提供营养。

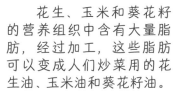

花生、玉米和葵花籽的营养组织中含有大量脂肪，经过加工，这些脂肪可以变成人们炒菜用的花生油、玉米油和葵花籽油。

一些植物的营养组织细胞能够利用液泡储存大量的水分，比如芦荟、仙人掌和巨人柱，即使很长时间不下雨，它们也能利用营养组织中的水分存活下去。

虽然不知道你是怎么钻进植物细胞的，不过你刚才去的应该就是沙漠植物的液泡吧！

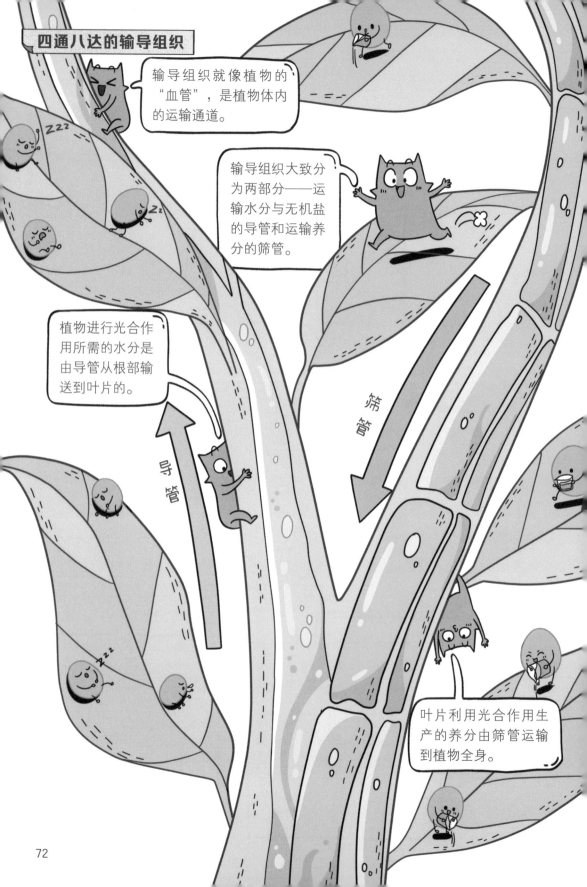

四通八达的输导组织

输导组织就像植物的"血管"，是植物体内的运输通道。

输导组织大致分为两部分——运输水分与无机盐的导管和运输养分的筛管。

植物进行光合作用所需的水分是由导管从根部输送到叶片的。

导管

筛管

叶片利用光合作用生产的养分由筛管运输到植物全身。

机械组织相当于植物的骨架，负责支撑植物。机械组织中的细胞都非常强壮。

树干中的树芯就是机械组织，树芯通常质地坚硬，可以用来制作各种器具。

你平时看到的很多木制品都是用树木的机械组织制作成的。

我也很强壮！

纤维细胞

有些植物的机械组织由细长的纤维细胞组成，很有韧性，不易断裂，比如黄麻、亚麻，人们用它们的纤维制作绳子、衣物等。

真的没断！

我的韧性可是很足的！

我要去野外冒险了，你去不去？

野外冒险？当然要去！

这个红细胞该走哪条路呢？

用线把属于同一个系统的器官连起来。

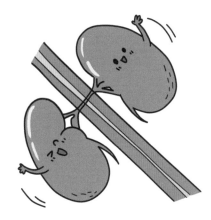

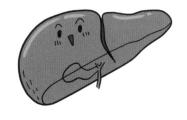

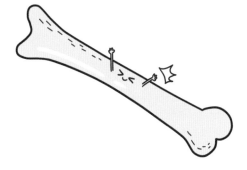

问题收纳盒

什么是组织？

- 形态相似，结构、功能相同的细胞联合在一起形成的细胞群叫作组织。

植物的五种基本组织有哪些？

- 分生组织、营养组织、保护组织、输导组织和机械组织。

什么是器官？

- 由不同的组织按照一定的次序组合起来，形成具有一定形态和功能的结构，叫作器官。

P76 答案：肾

P77 答案：
胃—肝脏 肾脏—膀胱 骨—肌肉

人体的四种基本组织是哪些？

- 上皮组织、肌肉组织、结缔组织和神经组织。

植物的六大器官有哪些？

- 根、茎、叶、花、果实和种子。其中根、茎和叶属于营养器官，花、果实和种子属于生殖器官。

什么是系统？

- 一些在生理功能上密切相关的器官联合起来，共同完成某一特定的连续性生理功能，即形成了系统。

人体的八大系统有哪些？

- 消化系统、循环系统、呼吸系统、泌尿系统、神经系统、运动系统、内分泌系统、生殖系统。

破解基因的密码

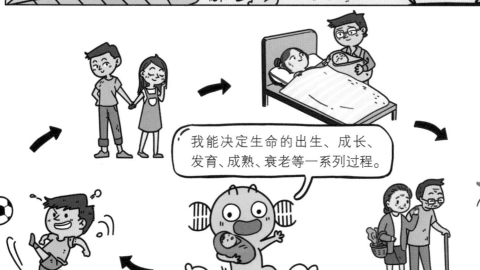

81

基因控制着细胞蛋白质的合成，控制着生命的性状，从生命演化的历程来看……

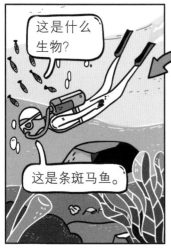

苍蝇基因与人类基因的相似度达到 39%。

早期草类植物基因与人类基因的相似度为 17%。

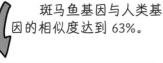

斑马鱼基因与人类基因的相似度达到 63%。

小鼠基因与人类基因的相似度达到 80%。

黑猩猩基因与人类基因的相似度为 96%。

而人类与人类之间基因的相似度则高达 99.5%！

人和人之间的差别与遗传信息有关，严格来讲，我其实是一段带有遗传信息的 DNA 片段。

双螺旋结构

DNA 的全称是脱氧核糖核酸，是一种平行的双螺旋结构，这种结构看起来很像梯子，所以又被称为生命的旋梯。

人类的每个体细胞里有 46 条 DNA，每条 DNA 上有成千上万个基因。

梯子中间的横杆是构成 DNA 的碱基对，它的排列顺序构成了遗传信息，或者叫遗传密码。

碱基对

你有身份证吗？身份证上有一串数字是你的身份证号。每个人的身份证号都不一样，是独一无二的。你知道为什么全国有这么多人，身份证号却不会重复吗？

耶~

办理处

等你学习过排列组合的数学知识后，就明白我在说什么了。现在，我先拿积木打个比方。

由于摆放方式的不同，同样的积木能组成不同的形状。

瞧，我用相同的 7 块积木搭出了正方形、梯形、长方形！

同样的积木可以搭出不同的形状，同样的碱基对也可以通过不同的排列顺序产生不同的遗传信息。

人类的基因总共约由 30 亿个碱基对组成，我们极其相似，却又极其不同，这取决于碱基对的排列顺序。

解读碱基对的排列顺序就是解读生命密码。

1977 年，科学家首次破解完成噬菌体的基因密码，这是一种能吞噬细菌的病毒。虽然它只有 2 700 个碱基对，可这在当时看来堪比天书。

谁叫我？

是我！我是喜欢侵袭细菌的噬菌体！

从 1990 年到 2003 年，美、英、德、法、日、中 6 个国家共同努力，花费 38 亿美元，终于完成了人类基因组计划。

随着科技的进步，人们对基因的探索也越来越深入。

CHEMISTRY BIOLOGY PHYSICS ETHICS ENGINEERING INFORMATICS

人类竟然数完了 30 亿个碱基对的破解，这和登月一样难！

人类所有的基因密码被破解，一同被破解的还有基因上碱基对的排列顺序。

想当年，人类基因组计划和研究原子弹的曼哈顿计划、登上月球的阿波罗计划并称为三大科学计划，可见人类对我的重视程度……

85

小基因的大用处

人类这么煞费周章地研究基因，有什么用呢？

用处可大了，可以了解生命的起源。

"人类是由猿进化来的"就是通过基因了解到的！

血检中心

研究基因还可以了解各种疾病产生的原因，有利于更好地检测和治疗这些疾病。

例如，某些遗传疾病就可以通过基因检测来发现。

坚强

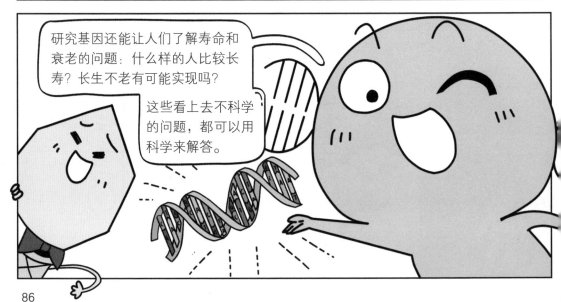

研究基因还能让人们了解寿命和衰老的问题：什么样的人比较长寿？长生不老有可能实现吗？

这些看上去不科学的问题，都可以用科学来解答。

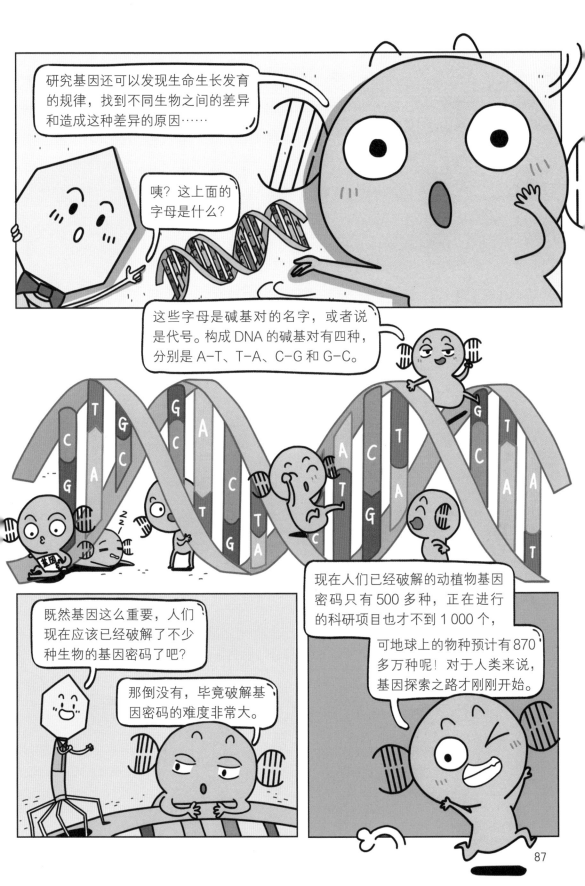

研究基因还可以发现生命生长发育的规律，找到不同生物之间的差异和造成这种差异的原因……

咦？这上面的字母是什么？

这些字母是碱基对的名字，或者说是代号。构成DNA的碱基对有四种，分别是A-T、T-A、C-G和G-C。

既然基因这么重要，人们现在应该已经破解了不少种生物的基因密码了吧？

那倒没有，毕竟破解基因密码的难度非常大。

现在人们已经破解的动植物基因密码只有500多种，正在进行的科研项目也才不到1 000个，可地球上的物种预计有870多万种呢！对于人类来说，基因探索之路才刚刚开始。

染色体是基因的载体，基因排列在染色体上。

每个人的体细胞里有 46 条染色体，每条染色体上有成千上万个基因，你也是这样哦！

在生殖之前，细胞先分裂出专门用来繁殖后代的生殖细胞。

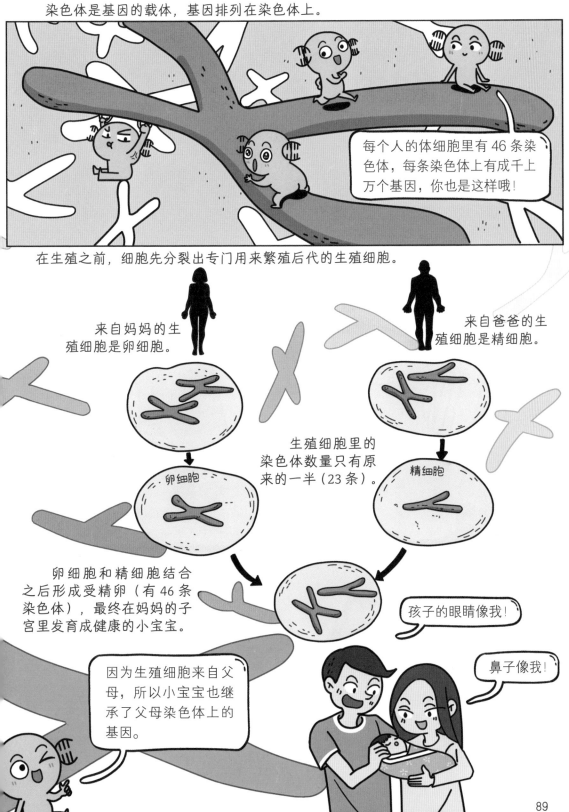

来自妈妈的生殖细胞是卵细胞。

来自爸爸的生殖细胞是精细胞。

卵细胞

精细胞

生殖细胞里的染色体数量只有原来的一半（23 条）。

卵细胞和精细胞结合之后形成受精卵（有 46 条染色体），最终在妈妈的子宫里发育成健康的小宝宝。

孩子的眼睛像我！

鼻子像我！

因为生殖细胞来自父母，所以小宝宝也继承了父母染色体上的基因。

那么问题来了，我到底是怎么决定你的长相的呢？

其实我有双重身份，一种是显性的。

显性基因A

隐性基因a

另一种是隐性的。

我是显性基因，如果基因里既有我又有隐性基因，我的光芒太耀眼，会让大家看不到隐性基因。

我不显眼，如果基因里既有我又有显性基因，我就会偷偷躲起来不让大家看到。

一般情况下，人们用字母来表示基因。

我是大写字母！

我……我是小写字母。

比如生活中常见的左撇子的基因是就是隐性基因，用 a 表示，右撇子的基因就是显性基因，用 A 表示。

我们是来自爸爸的右撇子基因 AA，爸爸分裂出的精细胞里含有基因 A。

我们是来自妈妈的左撇子基因 aa，妈妈分裂出的卵细胞里含有基因 a。

精细胞和卵细胞结合之后会形成我们——基因 Aa，虽然同时拥有显性基因和隐性基因，但是只会表现出显性基因 A 的特点，我是右撇子。

如果爸爸和妈妈的基因都是 AA，生出的小宝宝的基因也只会是 AA。

只有当爸爸和妈妈基因都是 aa 时，小宝宝的基因才一定是 aa。

如果爸爸和妈妈的基因都是 Aa, 那么生出的小宝宝就有很多种可能。

我们有显性基因, 所以是右撇子。

我们全是显性基因, 当然是右撇子。

我们全是隐性基因, 所以是左撇子。

我们有显性基因, 所以是右撇子。

隐性基因只有在没有显性基因的时候才能表现出来。

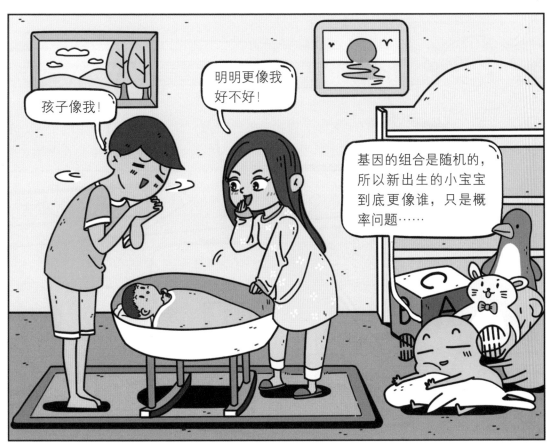

因为卵细胞只有一个，所以精细胞再多也绝大多数是陪跑，一般情况下只会有一个精细胞能够和卵细胞结合，形成受精卵。

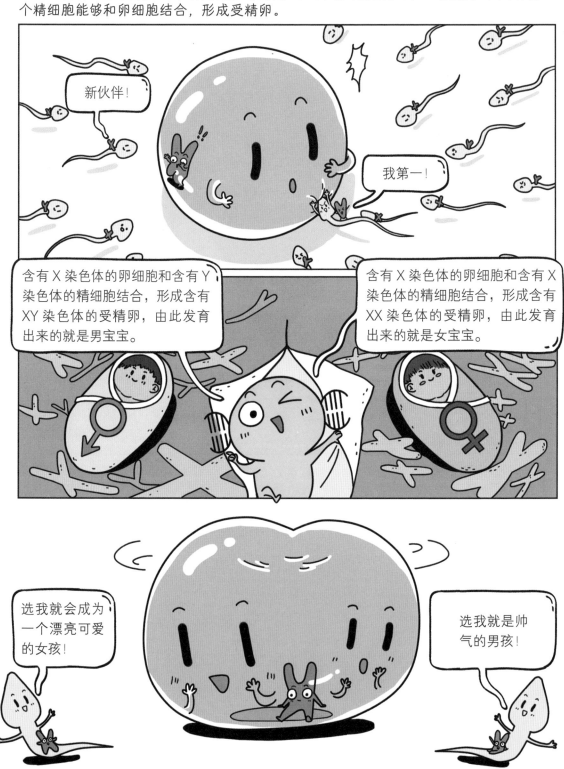

古代人更看重男孩，认为他们可以传宗接代，所以很多人都有"重男轻女"的思想。

太好了，是男孩！

这种思想到现在依然残留着，甚至有些人为了生男孩而做出很多危险的尝试。

可是，女孩也可以为社会创造很多价值啊！

说得没错！

99

基因的两大才能

说了这么多，我还没好好展现自己的才能呢！我的才能主要有两个：一个是复制，另一个是突变。

基因可以忠实地复制自己，保证每种生物维持基本的特点。

大狗会生出小狗，就是因为我忠实地复制了自己，把狗的基本特点都复制出来了。

我是带有遗传信息的 DNA，所以复制我其实就是复制 DNA。

一般情况下，新的 DNA 和原来的一模一样，上面碱基对的排列顺序也不会有什么变化。

基因复制工厂

这样可以保持遗传信息稳定地传递给下一代，让每种生物都能维持它们本来的样子。

快溜快溜!

快!抓住突变的基因!不要让它跑了!

会议室

基因突变是随机的,我们也不知道会突变出什么新角色来。但按照以往的经验来看,大部分基因突变的结果都不理想。

警告

抓捕行动 上钩 囚禁

所以我们必须想办法把这次突变的基因抓捕起来……

基因突变在生物界是普遍存在的,无论是动植物,还是真菌、细菌、病毒等,都有可能发生基因突变。

警告

抓捕行动 上钩 囚禁

人类的红绿色盲症、白化病、癌症等都是基因突变的结果。

是突变基因,抓住它!

我承认，很多时候我会带来不好的结果，但是我也做过好事啊！

你做过什么好事，你说！

以前的动物都生活在水里，但是后来环境改变了，一部分鱼基因突变，产生了四肢，爬上了岸，这才更好地适应了陆地环境……

难道你想说生物进化都是你的功劳吗？

没错！

肃静！本着公平公正的原则，本法官必须说一句，生物进化确实和基因突变息息相关……

哼！

105

它说得没错。

基因工程专家
李博士

证人

我们现在很喜欢把农作物的种子或者试管种苗送到太空里，利用那里特殊的环境诱发基因突变，然后再返回地面选育新种子、新材料。

被告

证人

除了太空南瓜之外，人类现在已经培育出好几种"太空植物"了。

太空番茄比普通番茄的产量更高、太空西瓜比普通西瓜更甜、太空玉米比普通玉米的味道更好……

看来你说的情况都是真的。本庭宣判，突变基因无罪释放，退庭！

法官

我也想去太空突变一下，你看我有机会吗？

选我吧！我是优良基因！

107

基因不能决定一切

只要基因相同，生物所表现出来的特征就完全相同吗？

我是基因明星！

我是基因明星！

我是基因明星！

我是基因明星！

基因明星竟然是批量生产的？没劲。

我才不是批量生产的呢！就算是同样的基因，也能发展出不一样的特征！

你有没有听说过一种叫水毛茛的植物？

看好了！

这就是水毛茛。

哇！

水毛茛体内叶子的基因是一样的，但一株水毛茛却会同时长出两种叶子。

确实有两种叶子！好神奇！

①

②

这是由叶子所处的环境不同导致的。

我带你去看看。

先天的基因和后天的环境共同决定生物的特征，这么看来，环境对生物的影响非常大啊！

确实。

基因突变也跟环境息息相关，多亏了那些更适应环境的突变，生物才得以进化。

太空育种也很能体现特殊环境对生物产生的影响。

环境的影响好大啊。

空育种

普通育种

基因突变真神奇！

111

这对双眼皮的父母可能生出有什么样眼皮的孩子呢？

* 双眼皮为显性基因，单眼皮为隐性基因。

问题收纳盒

什么是基因？

- 基因是一段带有遗传信息的 DNA 序列，控制着细胞中蛋白质的合成和生命的性状。

什么是 DNA？

- DNA 的全称是脱氧核糖核酸，是一种平行的双螺旋结构。

什么是遗传信息？

- DNA 中碱基对的排列顺序构成了遗传信息。

人体有多少对染色体？分别是什么？

- 人体有 23 对染色体，其中 22 对是常染色体，1 对是性染色体。

染色体和基因有什么关系？

- 染色体是基因的载体，基因排列在染色体上。

基因的两个特点是什么？

- 基因复制和基因突变。

生物的特征是由什么决定的？

- 生物的特征是由先天的基因和后天的环境共同决定的。

P112 答案：Aa 双眼皮 /AA 双眼皮 /aa 单眼皮 /Aa 双眼皮

P113 答案：太空

生物技术
的魔法时刻

胚胎干细胞

造血干细胞

在地球演化的 46 亿年里，生命存在的时间有 30 多亿年。

在 46 亿年里，地球发生了巨大的变化，尤其是当氧气出现以后。

最早生活在地球上的生物是不需要氧气的，我们称其为"厌氧型生物"。后来"产氧型生物"出现了，它们制造氧气，使地球上的主要生物逐渐向着需要依靠氧气生存的"需氧型生物"进化。

117

这个说到底还是生物技术，不是魔术。

红珊瑚的细胞里含有一种基因，这种基因能控制细胞合成一种能发红色荧光的蛋白质。红珊瑚的颜色就是因此而产生的。

只要把红珊瑚体内的这种基因转移到斑马鱼的受精卵中，由这个受精卵发育长大的斑马鱼就会发出红色荧光，这就是转基因斑马鱼！

原来是这样。

自然界中有一种能发出绿光的绿色水母，要是把它们的绿色荧光基因转移到斑马鱼的受精卵中，会发生什么呢？

119

那其他物种的基因也可以做类似的尝试，制造出新的转基因生物吧？

当然可以！早在20世纪，科学家们就制造出了世界上最早的转基因作物——一种能提取出抗生素的烟草，在医药方面很有用。

烟草也不能吃啊，有没有什么转基因食品呀？比如，像房子那么大的转基因面包！

转基因食品有很多种，不过可能和你想的不一样。我知道的有转基因西红柿、转基因金大米、转基因大豆、转基因鲫鱼等。

可这些有什么用啊？

可别小瞧了这些转基因食品，有一种转基因西红柿能抗乙肝，吃几个西红柿就能代替注射疫苗。

不用挨针扎了，再给我来几个！

转基因金大米不仅看起来金灿灿的，而且含有丰富的 β－胡萝卜素，对身体很好！

点米成金，我发财啦！

转基因大豆更抗冻，转基因鲫鱼能长到普通鲫鱼的三倍大……

好吧，我承认，虽然没有转基因面包，但是这些转基因食品也确实很厉害了。

我觉得用转基因小麦做的面包就是转基因面包，只不过不像你想象的那样……

有道理啊！

转基因作物为人们提供了方便，早在十多年前，美国种植的全部农作物中，转基因农作物就已经达到了 85% 左右，中国现在也是世界四大种植转基因作物的国家之一。

转基因技术使农业、畜牧业等都得到了改善，还填饱了我们的肚皮。

嘎！什么是转基因技术？

转基因玉米

终于又到我上场啦！

转基因鸡蛋

转基因红薯

转基因大豆

转基因西红柿

转基因牛肉

转基因大米

转基因鲫鱼

转基因鸡肉

把一种生物的基因转入另一种生物体内，从而有方向地改造生物，这就是转基因技术。

那如果把植物体内和光合作用有关的基因转入奶牛的细胞里，是不是就能培育出晒晒太阳就能产奶的奶牛啦！

也太异想天开了吧……

转基因技术是**基因工程**的代表，但基因工程并非只有转基因技术，你听说过基因编辑吗？

没错！转基因技术是把外来的基因移植进来，而**基因编辑**是针对自身的基因进行编辑。

我在新闻里看到过！基因编辑就是对自身的基因进行一些修改、删减吧？

把别人的移到我身上，我就是转基因啦！

拿别人的算什么好汉，我自己编辑自己才厉害呢！

前不久，中国的团队和大学联合加拿大的大学一起通过基因编辑技术获得了全球首例抗三种重大疫病的猪。

现在的植物要么在地上结果，比如西红柿；要么在地下生长，比如土豆。

如果可以，你想编辑出什么生物呢？

如果能编辑出一种地上地下都结果的植物就好了……

基因编辑之后，我能抵抗猪身上常见的三种重大疫病呢！

123

你的设想与其靠基因工程,不如靠细胞工程去实现,这株植物可是人类细胞工程的一个小目标!

我想起来了!

早在 20 世纪 60 年代,就有科学家尝试过将西红柿和土豆杂交!

科学家的愿望很美好,可是现实很骨感,这两种生物之间存在天然的生殖隔离,传统的杂交方式很难得到后代……

生殖隔离
因为各种各样的原因,自然界的生物不能随意自由交配,或交配后不能产生有生育能力的后代。

生殖隔离

125

到目前为止，真正的西红柿土豆，在地上不会结西红柿，在地下也不长土豆！

散了散了！原来是骗人的！

好吧，我承认现在还没有真正的西红柿土豆，但能把两种细胞融合在一起，生产出符合人类要求的新品种，的确是人类细胞工程的一大步！

如果真的想尝一尝杂交植物，不如去买一点白菜－甘蓝吧！

白菜　×　紫甘蓝　→　白菜－甘蓝

对！这种植物在菜市场里就能买到，是白菜和紫甘蓝的杂交品种哦！

在自然条件下，红豆杉的生长速度很慢，而且断了就很难生长。

难怪濒临灭绝……

但是据说红豆杉对治疗癌症有一定的辅助作用，这对人类来说简直跟超能力差不多，所以人们开始大量砍伐。

本来红豆杉就少，还被大量砍伐……

好消息是细胞工程中的组织培养技术可以从根本上改善现状！

植物组织培养是指将从植物身上分离下来的器官、组织或细胞等，把它们培养在人工配置好的营养物质里。

这样就能培养出大量的红豆杉幼苗啦！

再给它们提供适宜的培养条件，从而形成完整的植株。

实验室○

市场上有一种叫作"手指植物"的工艺品，它们通常被培养在装有彩色固体的小玻璃瓶里，这其实就是植物组织培养出的"小作品"哦！

这种"手指植物"只要保证充足的光照和适宜的温度，不需要额外补充水分和营养物质……

就可以在玻璃瓶中生长 3~4 个月！

危险！

啊！

快走！不演了！

等等，我还没演够呢！

还不如去实验室研究呢！

细胞工程分为植物细胞工程和动物细胞工程，动物细胞工程中最基本的技术是**动物细胞培养**。

要培养动物细胞就要先获得动物细胞，也就是我。首先从动物体内取出成块的组织，然后把这些组织打散成单个细胞。

这听起来就像榨汁机！

然后再把细胞放在培养瓶里，并放在适宜的条件中培养。

这话怎么似曾相识……

最后把培养的细胞收集起来，就可以获得相应的动物细胞及其产物啦！

哇！

用动物细胞培养技术构建出来的人造皮肤可以用于皮肤移植。

1981年，科学家首次分离出了小老鼠的胚胎干细胞，到现在，兔、牛、猴等的胚胎干细胞也都分离出来了。

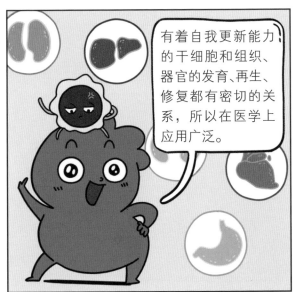

有着自我更新能力的干细胞和组织、器官的发育、再生、修复都有密切的关系，所以在医学上应用广泛。

把正常的造血干细胞移植到病人体内，可以恢复病人的造血功能。

不止这些！从理论上讲，人体可以使用干细胞制造出各种器官，这样，当病人的某些器官受到损伤、无法恢复的时候，就可以进行器官移植了！

不得不承认的是，虽然现在还面临着一些问题，但是人们对于干细胞的研究一刻也没有停止。未来我的作用可是会越来越大！

细胞工程不单单是对于干细胞的研究，还有更"魔幻"的部分哦！

是什么？

是克隆！

啪

孙悟空拔下一把毫毛能变出很多只猴子，这么魔幻的事情现在能够实现吗？

人们虽然不能用毫毛变出猴子，但是可以用细胞"变"出猴子。2018年，细胞克隆猴"中中"和"华华"登上了世界级学术期刊《细胞》的封面。

自从人类在 1996 年第一次培育出克隆羊"多利"后，克隆技术在很多物种中都实现了，如克隆猪、克隆牛、克隆猫、克隆狗等。

第四步，通电，使重新组合在一起的细胞核与细胞质融合，然后好好培养它们。

第五步，细胞慢慢长大成为胚胎，把胚胎移到母牛的子宫里，孕育一段时间后，就会生出小牛了。

它就是克隆小牛，因为它的细胞核来自高产奶牛，而细胞核里有遗传物质，所以它长大后也是一头高产奶牛。

现代生物技术是把双刃剑。一方面，转基因技术、细胞工程给人类带来了琳琅满目的商品；另一方面，这些技术引发了社会对转基因产品安全性的关注和讨论。

试管里也能诞生婴儿

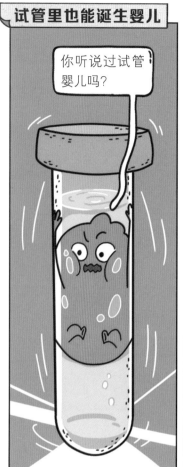

你听说过试管婴儿吗？

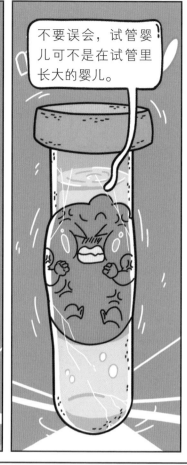

不要误会，试管婴儿可不是在试管里长大的婴儿。

婴儿可无法在这么小的试管里生存！

先从妈妈身体里取几个卵细胞，再从爸爸身体里取一些精细胞，然后把它们分别放在装有营养物质的试管里。

好久不见，我是精细胞！

嗨，还记得我吗，我是卵细胞！

让卵细胞和精细胞在试管里相遇，结合成受精卵。

卵细胞妹妹！

新……新伙伴。

倒

接下来，我会形成胚胎，然后被转移到妈妈的子宫里，像其他孩子一样出生、长大。

因为受精过程发生在试管里，所以叫试管婴儿。

普通的受精过程是发生在妈妈身体里的，这需要生殖系统的每个部位都能正常工作。

卵巢检查完毕！输卵管检查完毕！激素检查完毕！子宫检查完毕！

143

有的人因为身体出了问题，生殖系统罢工了，无法正常受精和生育。

生物也能做武器

生物技术大多时候被用来造福人类，但也有极少部分例外——有人利用这些技术生产出了生物武器。

生物武器包括细菌类、病毒类、生化毒剂类等，比如能导致人感染天花的天花病毒、能导致中毒的波特淋菌、能导致人感染霍乱的霍乱弧菌。

关门，放病毒！

逃！

我听说生物武器致病能力强、攻击范围广，我们该怎么办？

147

每种干细胞拥有的功能是什么？

造血干细胞

可以分化成人体内任何一种类型的细胞

胚胎干细胞

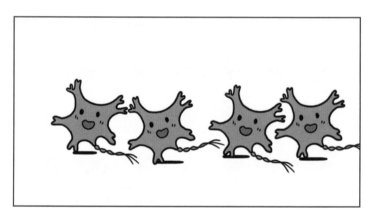

可以通过增殖补充神经细胞的数量

神经干细胞

可以分化形成新的红细胞、白细胞、血小板等有具体功能的细胞

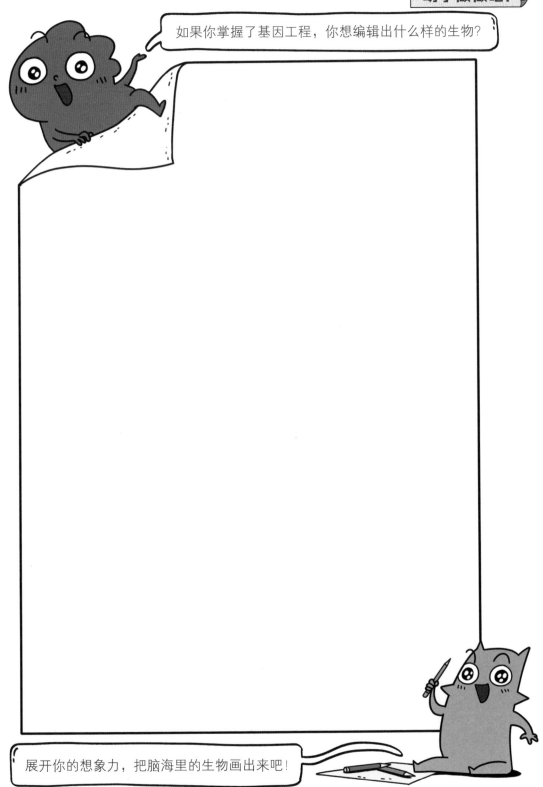

如果你掌握了基因工程，你想编辑出什么样的生物？

展开你的想象力，把脑海里的生物画出来吧！

问题收纳盒

什么是转基因技术?

- 转基因技术是把一种生物的基因转入另一种生物体内,以获得人类需要的基因产物或特别的性状表现,可以定向改造生物的技术。

什么是生殖隔离?

- 因为各种各样的原因,自然界不同的物种之间不能随意自由交配,或交配后不能产生有生育能力的后代,这就是生殖隔离。

什么是植物组织培养技术?

- 植物组织培养技术是指将从植物体上分离下来的植物器官、组织或细胞等培养在人工配置好的营养物质中,给予其适宜的培养条件,诱导其形成完整植株的技术。

什么是干细胞?

- 干细胞是一类具有自我更新和分化能力的细胞。

干细胞有哪些种类?

- 胚胎干细胞和成体干细胞(造血干细胞、神经干细胞等)。

什么是克隆?

- 利用生物技术,通过无性生殖产生与原本个体拥有完全相同的基因的个体或种群。

什么是试管婴儿?

- 用人工方法让卵细胞和精细胞在体外受精,并进行早期胚胎发育,最后移植到母体子宫内发育而诞生的婴儿。

P148 答案:造血干细胞——可以分化形成新的红细胞、白细胞、血小板等有具体功能的细胞;胚胎干细胞－可以分化成人体内任何一种类型的细胞;神经干细胞——可以通过增殖补充神经细胞的数量

P149 答案:略

作者团队

米莱童书 | 🏔 米莱童书

米莱童书是由国内多位资深童书编辑、插画家组成的原创童书研发平台。旗下作品曾获得 2019 年度"中国好书",2019、2020 年度"桂冠童书"等荣誉;创作内容多次入选"原动力"中国原创动漫出版扶持计划。作为中国新闻出版业科技与标准重点实验室(跨领域综合方向)授牌的中国青少年科普内容研发与推广基地,米莱童书一贯致力于对传统童书进行内容与形式的升级迭代,开发一流原创童书作品,适应当代中国家庭更高的阅读与学习需求。

策 划 人: 刘润东　魏　诺

统筹编辑: 王　佩

编写组: 王　佩　于雅致

知识脚本作者: 张可文

　　　　　　北京市育才学校高中生物教师北京市西城区骨干教师、优秀教师

漫画绘制: 王婉静　张秀雯　郑姗姗　吴鹏飞　范小雨
　　　　　周恩玉　翁　卫

美术设计: 张立佳　刘雅宁　刘浩男　马司雯　汪芝灵

图书在版编目（CIP）数据

奇趣细胞小世界 / 米莱童书著绘. -- 北京 : 北京
理工大学出版社, 2024.4
（启航吧知识号）
ISBN 978-7-5763-3413-5

Ⅰ.①奇… Ⅱ.①米… Ⅲ.①细胞—少儿读物 Ⅳ.
①Q2-49

中国国家版本馆CIP数据核字(2024)第011999号

出版发行 / 北京理工大学出版社有限责任公司
社　　址 / 北京市丰台区四合庄路 6 号
邮　　编 / 100070
电　　话 /（010）82563891（童书售后服务热线）
网　　址 / http://www.bitpress.com.cn
经　　销 / 全国各地新华书店
印　　刷 / 北京尚唐印刷包装有限公司
开　　本 / 710毫米×1000毫米　1 / 16
印　　张 / 9.5
字　　数 / 250千字
版　　次 / 2024年4月第1版　2024年4月第1次印刷
定　　价 / 38.00元

责任编辑 / 李慧智
文案编辑 / 李慧智
责任校对 / 王雅静
责任印制 / 王美丽

图书出现印装质量问题，请拨打售后服务热线，本社负责调换